LES DONS MERVEILLEUX

ET DIVERSEMENT COLORIÉS

DE LA NATURE

dans le Regne Animal,

OU

COLLECTION
D'ANIMAUX

PRECIEUSEMENT COLORIÉS

Pour servir à l'intelligence de l'Histoire

générale et œconomique

des trois Regnes.

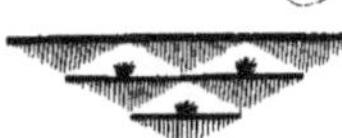

Par M^r. Buchoz Medecin Botaniste

et de quartier de Monsieur.

A PARIS.

Chez l'Auteur rue de la Harpe vis-à-vis la Place Sorbonne.

1782.

Vangelisti, inv. et Sculp.

Desmoulins, Pinx.
Massol Sculp.

Fig. 1.
Fig. 2.

Fig. 1.
Fig. 2.
Fig. 3.

Desmoulins del.   P. Boussent, Sculp.

Fig. 1.
Fig. 2.

Fig. 1.
Fig. 2.

Pl. 4.
Fig. 1.
Fig. 2.
Fig. 3.
Fig. 4.

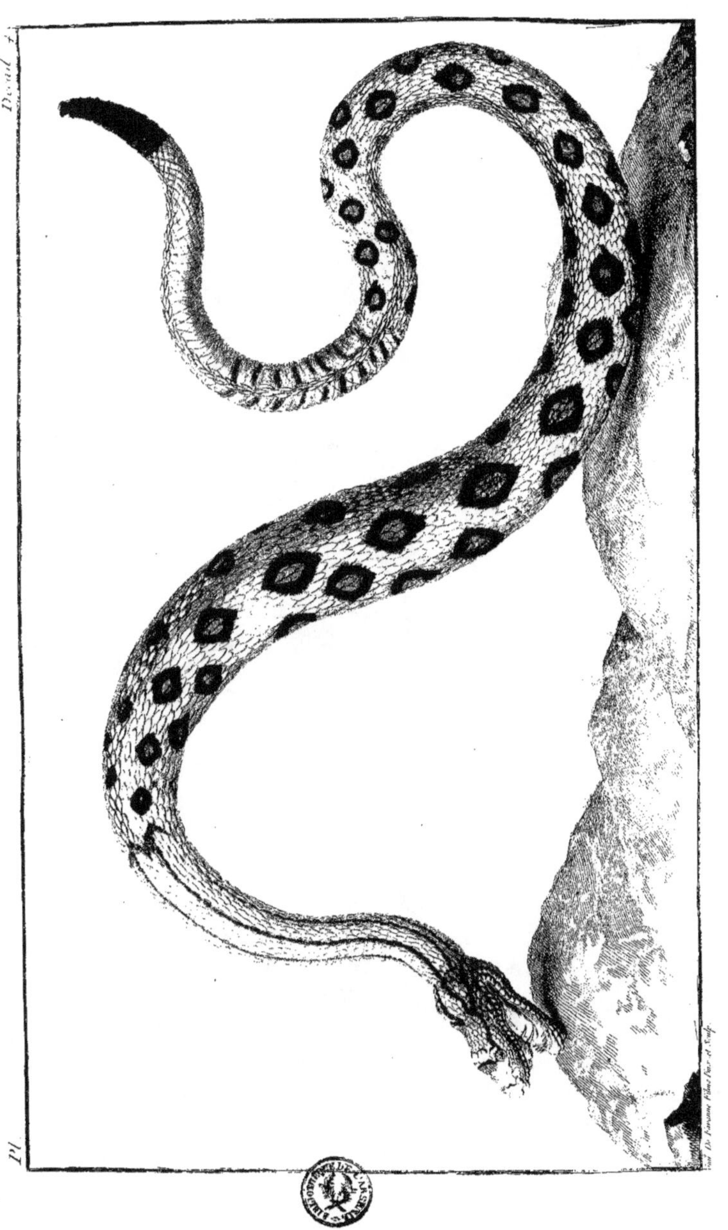

Fig. 1.
Fig. 2.
Fig. 3.

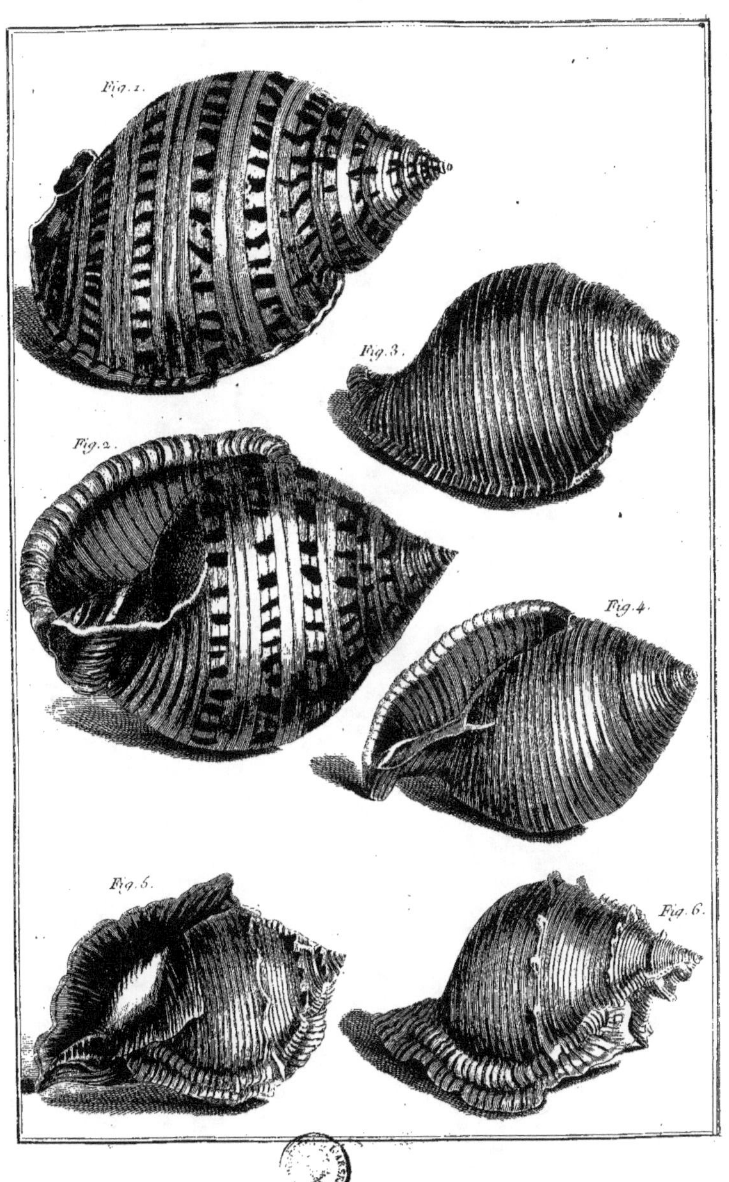

Fig. 1.
Fig. 2.
Fig. 3.
Fig. 4.
Fig. 5.
Fig. 6.

Bellengé, Pinx.
de Mecey, Sculp.

Fig. 1.
Fig. 2.

Fig. 1.
Fig. 2.

Fig.1.
Fig.2.

Fig. 1.
Fig. 2.

Fig. 1.
Fig. 2.
Desmoulins. pinx et Sulp.

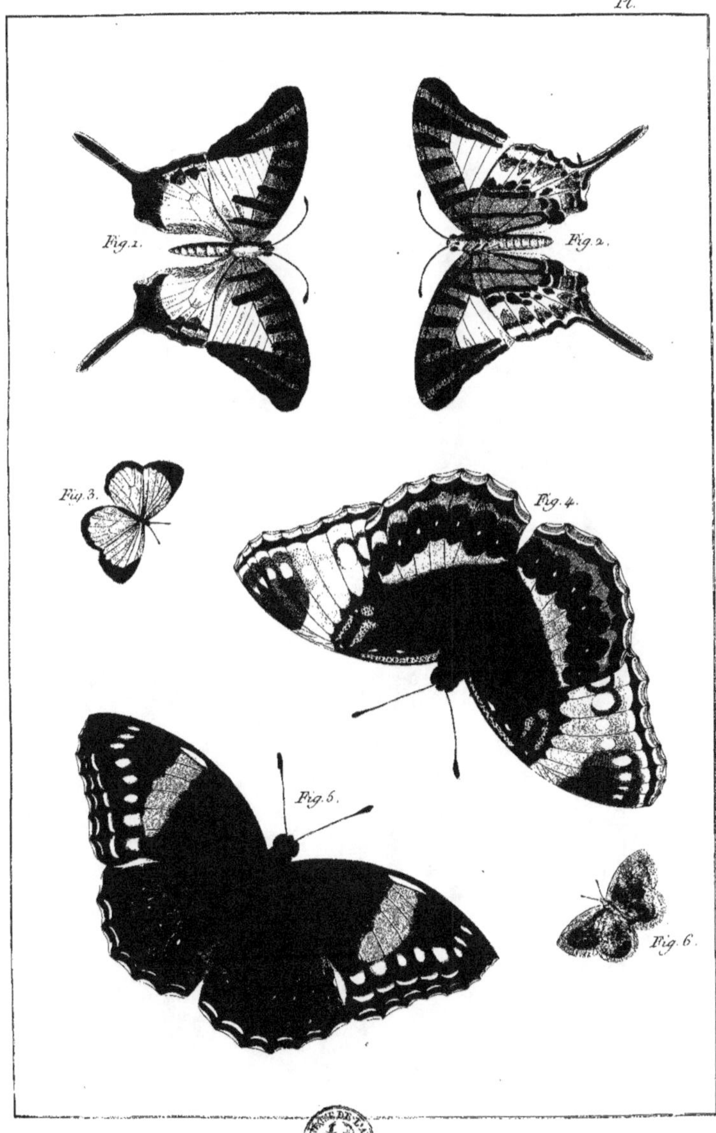

Fig. 1.
Fig. 2.
Fig. 3.
Fig. 4.
Fig. 5.
Fig. 6.

Pl. III.

Pag. 4.

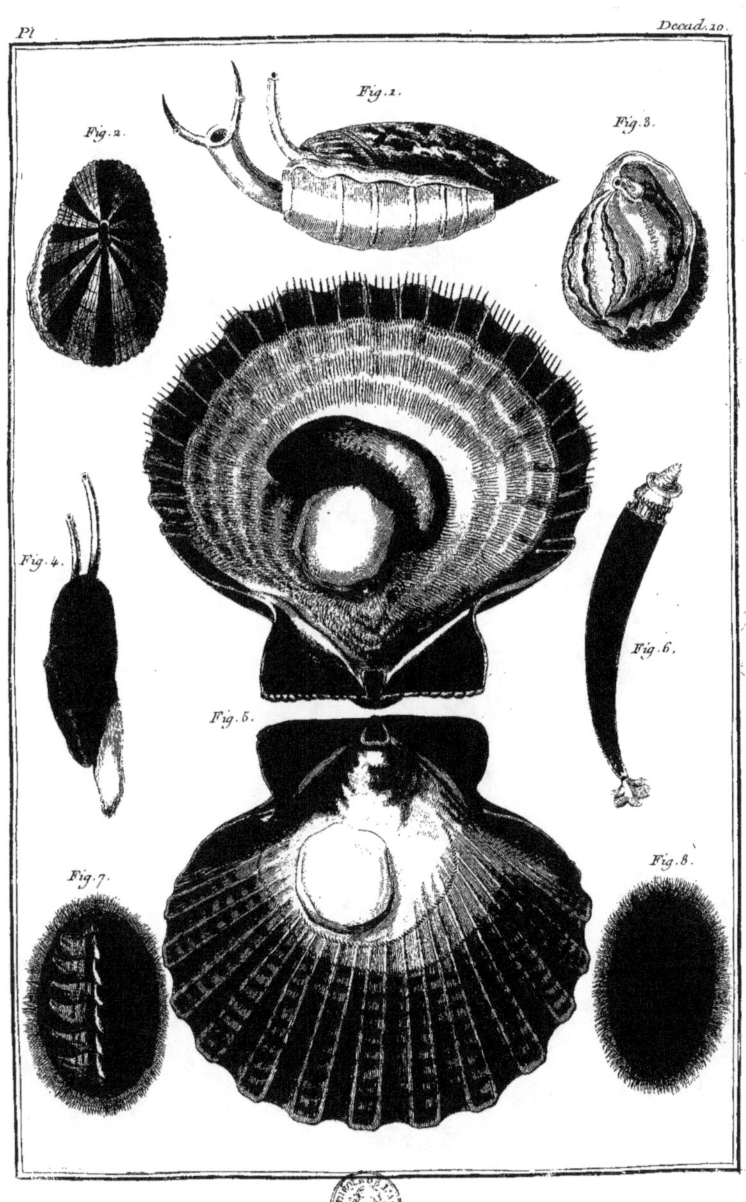
Fig. 1.
Fig. 2.
Fig. 3.
Fig. 4.
Fig. 5.
Fig. 6.
Fig. 7.
Fig. 8.

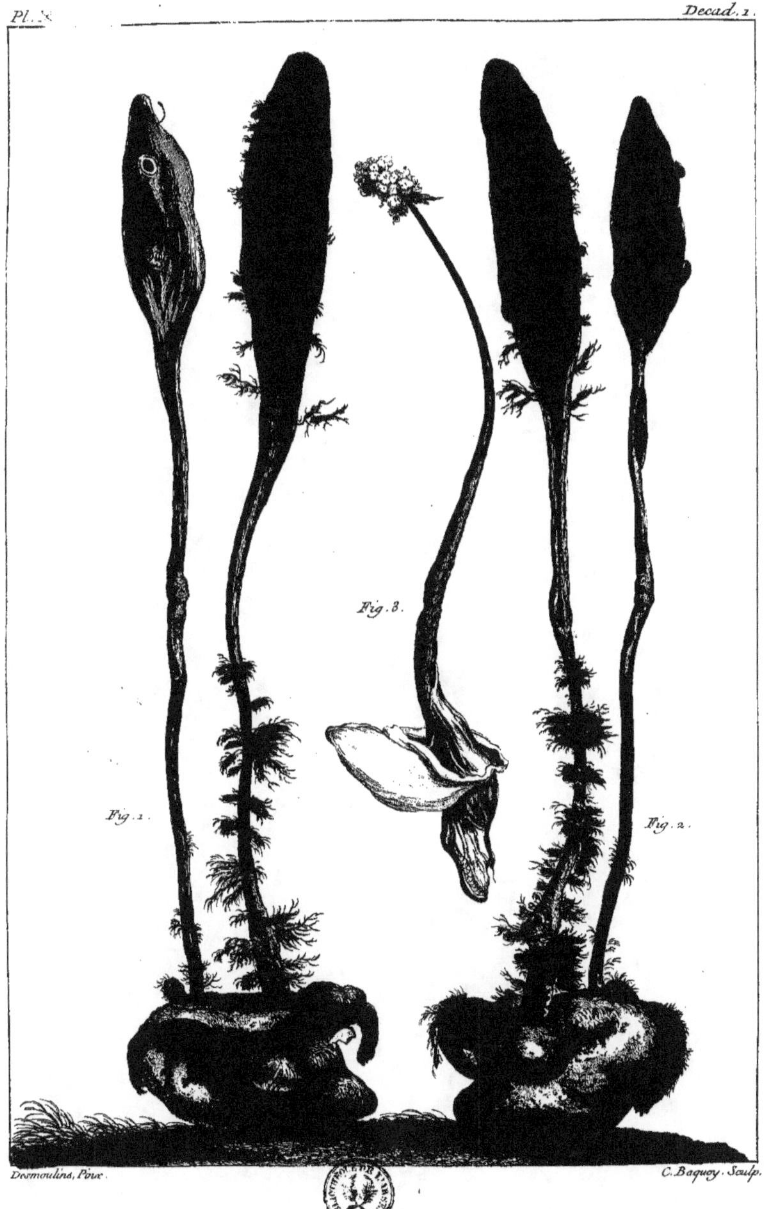
Fig. 3.
Fig. 1.
Fig. 2.

Fig. 1.
Fig. 2.
Gvil. De Favanne Filius Pinx.
Jac. Mesnil Sculp.

Decad. 1.
Cont. 2.
Pl.

Fig. 1.

Fig. 2.

Fig. 1.

Fig. 2.

Fig. 1.
Fig. 2.

Cont.

Fig. 1.
Fig. 2.
Fig. 3.
Fig. 4.
Fig. 5.

Fig. 1.
Fig. 2.
Fig. 3.

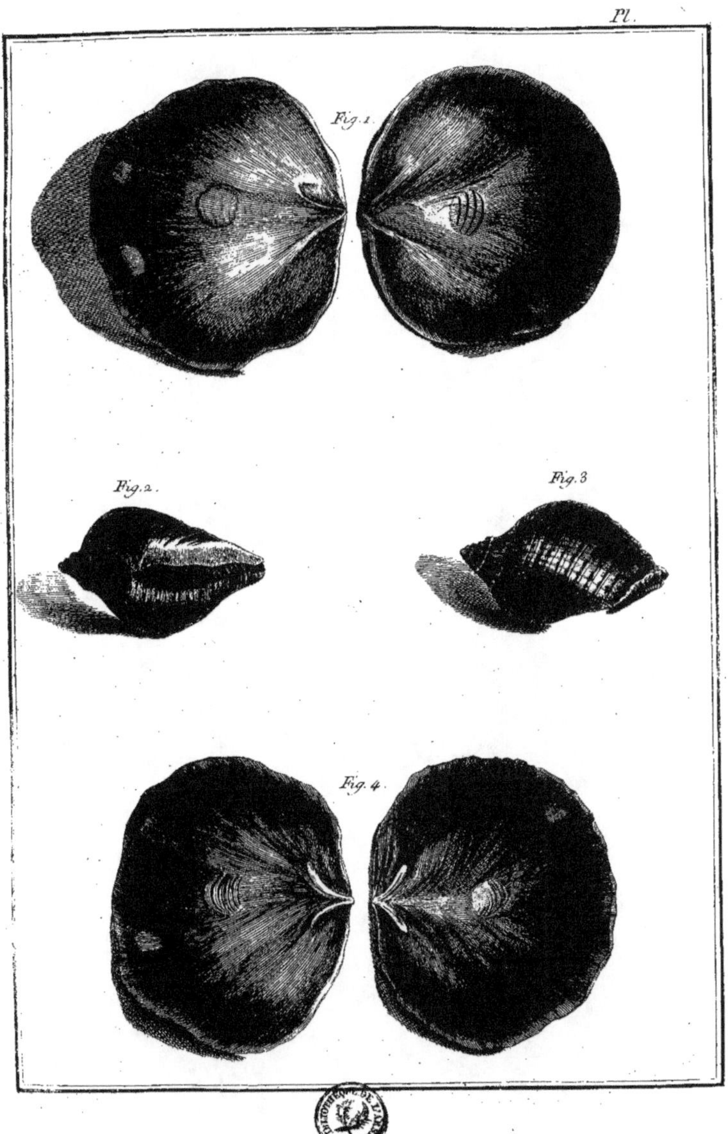
Fig. 1.
Fig. 2.
Fig. 3.
Fig. 4.

Demarne delin. Juillet Sculp.

Fig. 1.

Fig. 2.

Fig. 1.
Fig. 2.
Cent. 2.

Fig. 1.

Fig. 2.

Fig. 1.
Fig. 2.

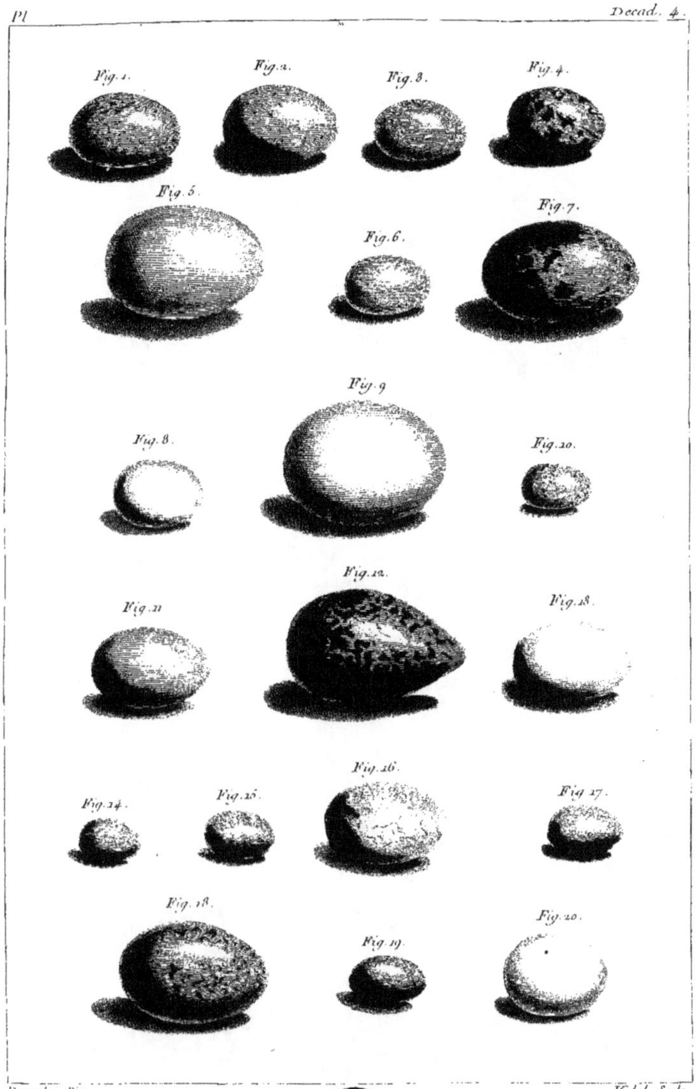

Fig. 1.   Fig. 2.   Fig. 3.   Fig. 4.

Fig. 5.

Fig. 6.   Fig. 7.

Fig. 9.

Fig. 8.   Fig. 10.

Fig. 12.

Fig. 11.   Fig. 13.

Fig. 16.

Fig. 14.   Fig. 15.   Fig. 17.

Fig. 18.   Fig. 19.   Fig. 20.

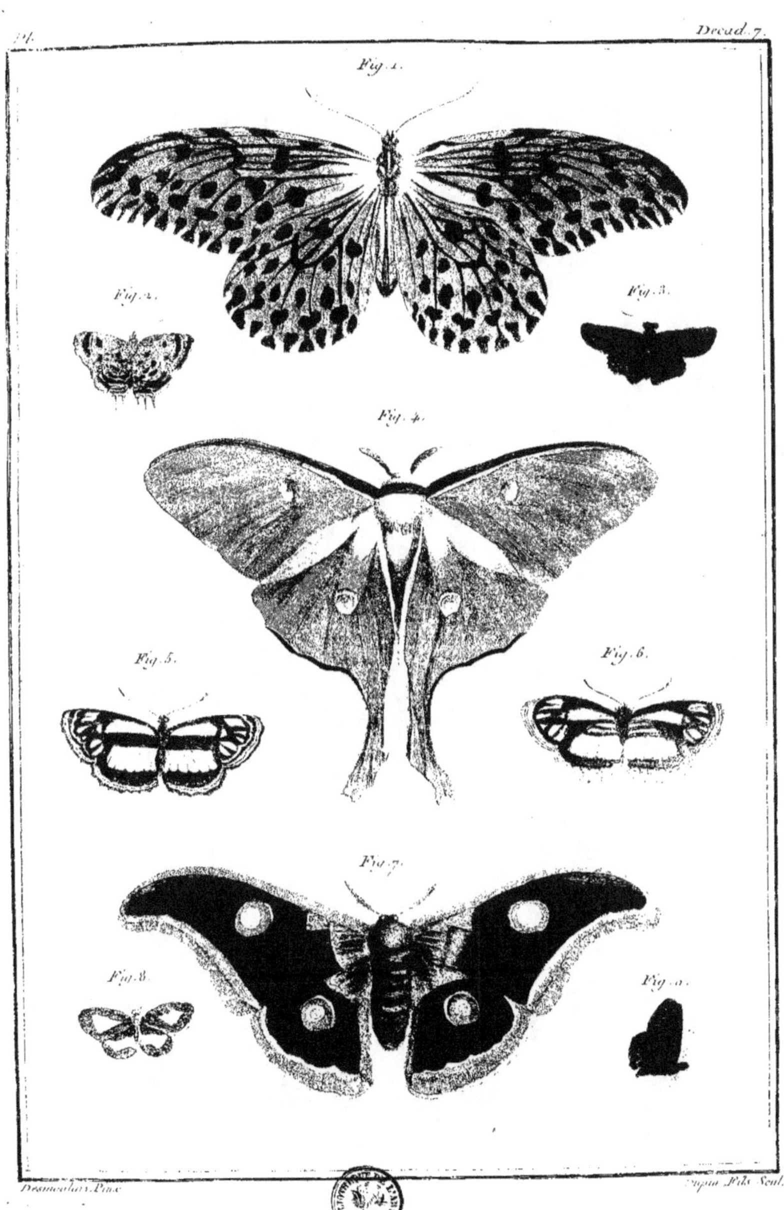

Fig. 1.
Fig. 2.
Fig. 3.
Fig. 4.
Fig. 5.
Fig. 6.
Fig. 7.
Fig. 8.
Fig. 9.

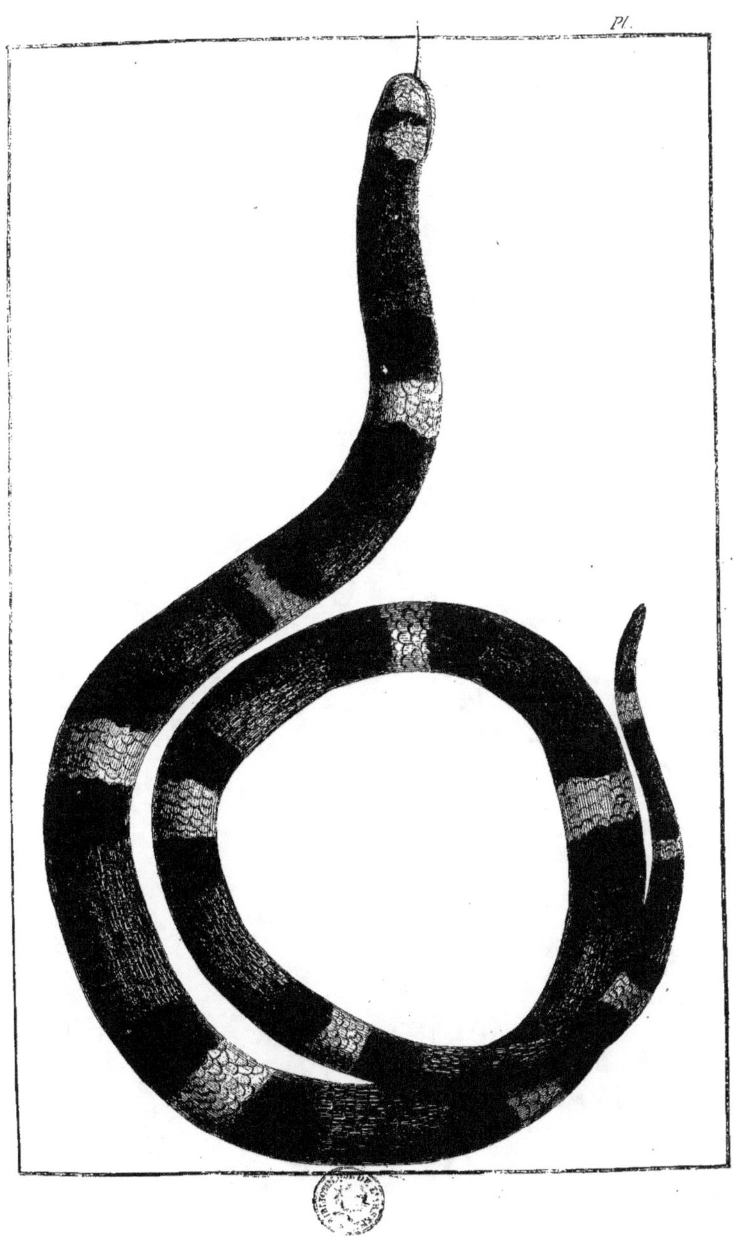
Pl.

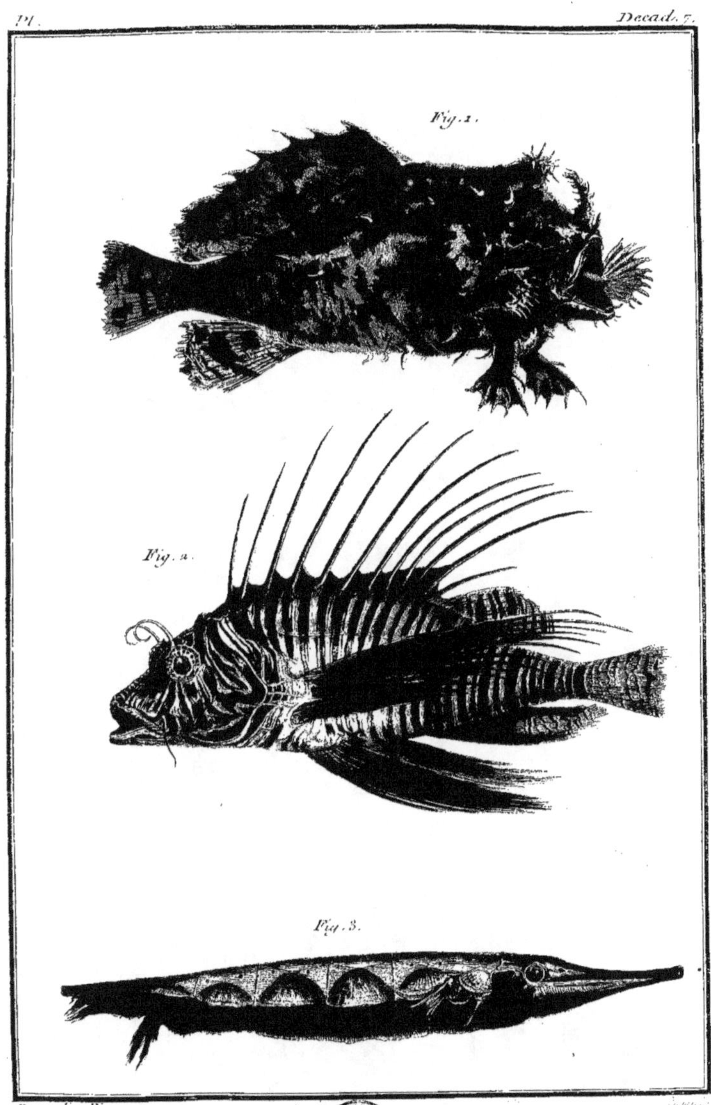
Fig. 1.
Fig. 2.
Fig. 3.

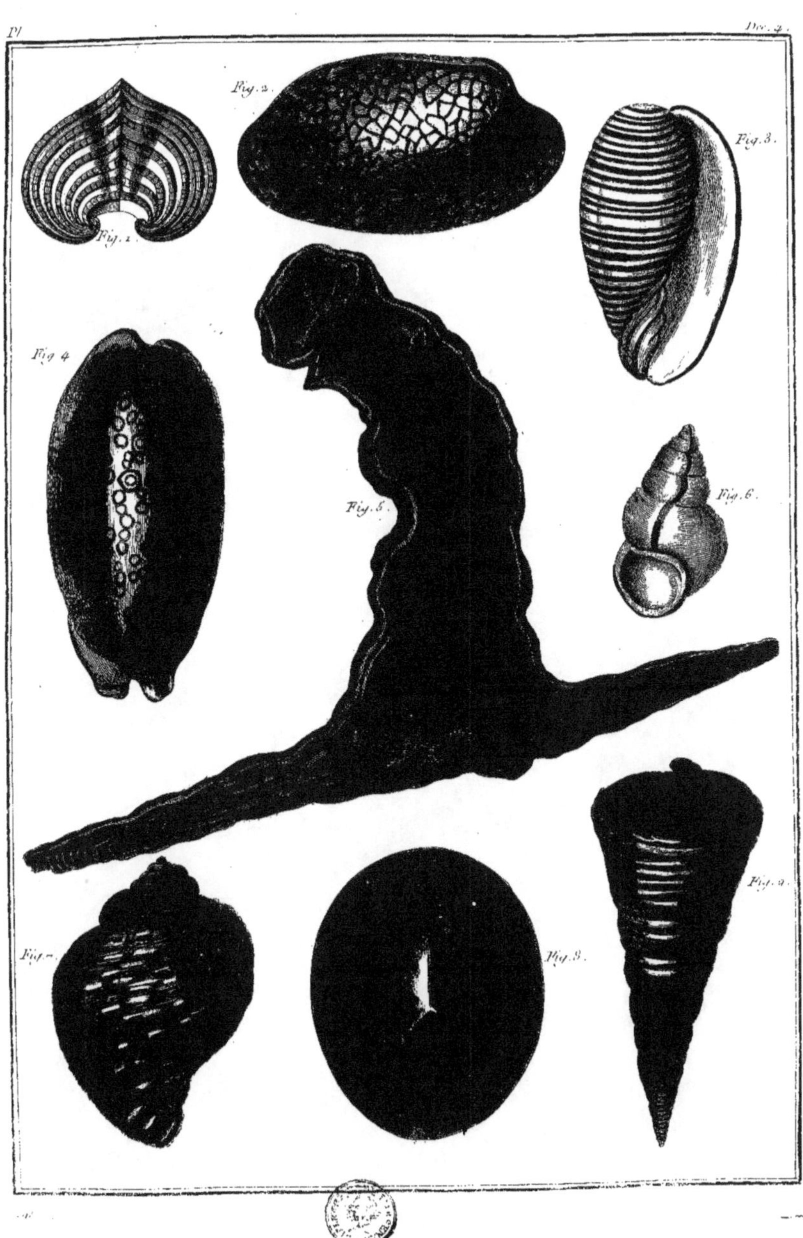

Pl.
Pl. 4.
Fig. 1.
Fig. 2.
Fig. 3.
Fig. 4.
Fig. 5.
Fig. 6.
Fig. 7.
Fig. 8.
Fig. 9.

Fig.1.
Fig.2.

Fig. 1.
Fig. 2.

Fig. 1.
Fig. 2.

Fig.1.
Fig.2.
Cent.2.

Fig. 1.
Fig. 2.

Pl.
N.° 4.
Fig. 1.
Fig. 2.
Fig. 3.
Fig. 4.

Fig. 1.
Fig. 2.

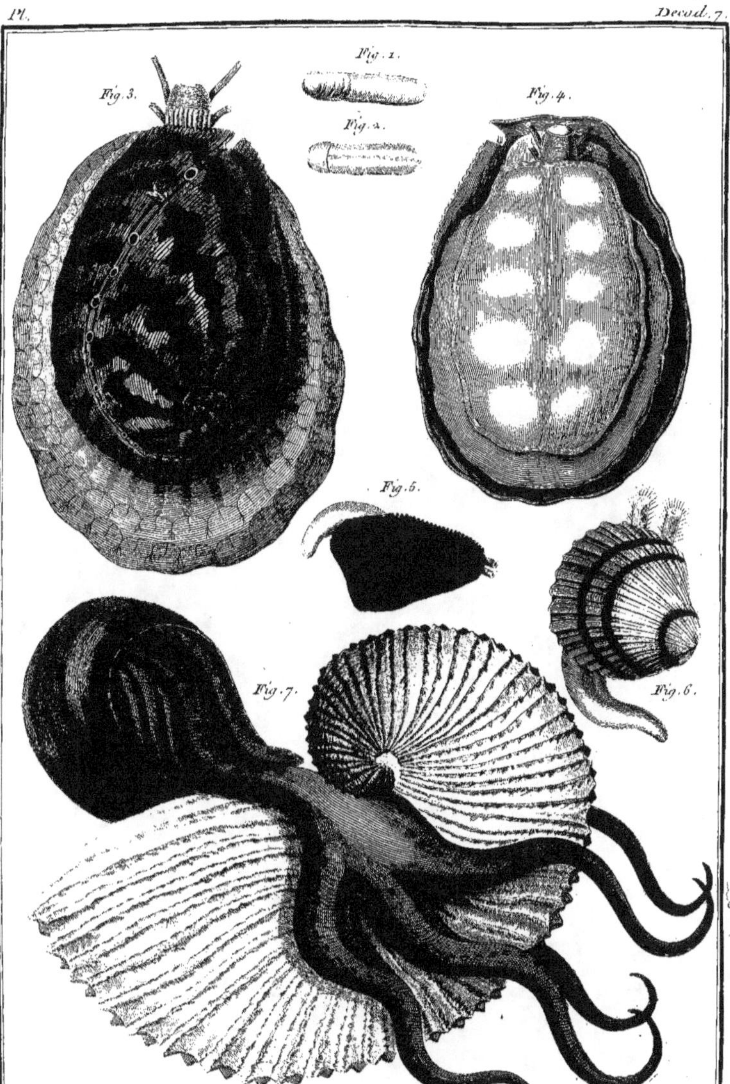

Fig. 1.
Fig. 2.
Fig. 3.
Fig. 4.
Fig. 5.
Fig. 6.
Fig. 7.

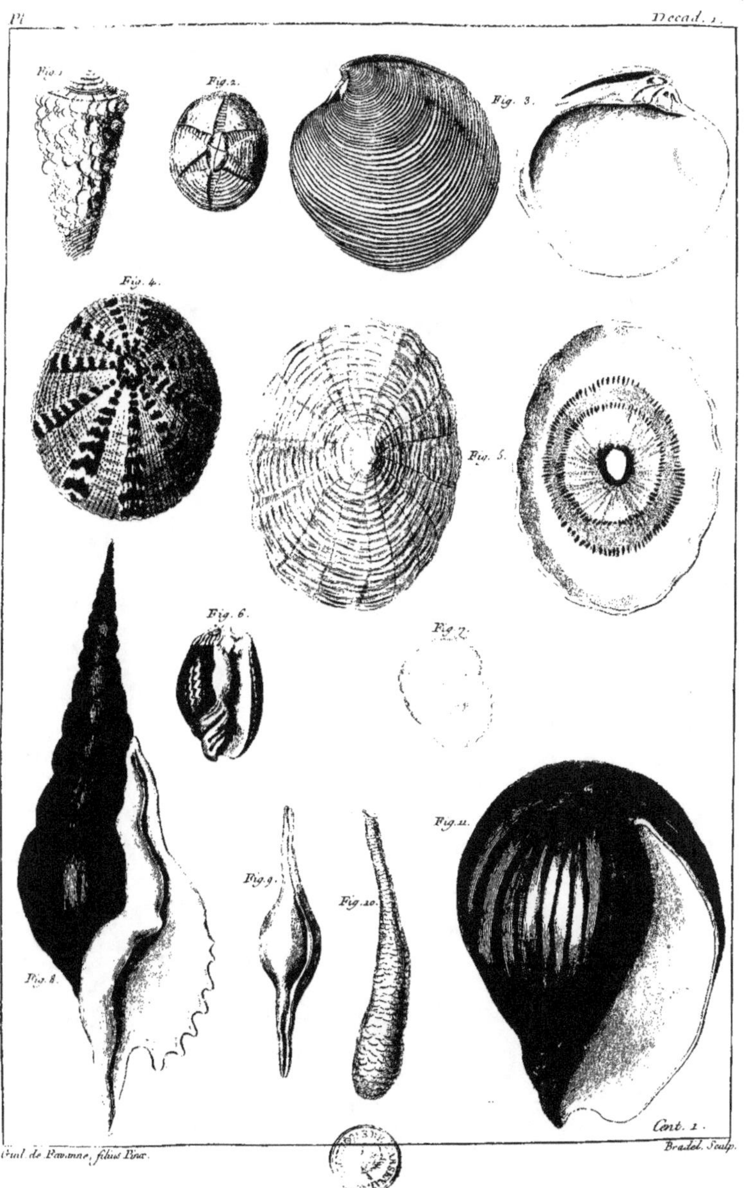

Gual de Pavanne, filius Pinx.   Bradel. Sculp.

Fig. 1.
Fig. 2.
Fig. 3.

Fig. 1.
Fig. 2.

Fig. 1.
Fig. 2.

Fig. 1.
Fig. 2.

Fig. 1.
Fig. 2.
Fig. 3.

Fig. 1.
Fig. 2.
Fig. 3
Fig. 4.
Fig. 5.
Fig. 6.

Fig. 1.
Fig. 2.
Fig. 3.

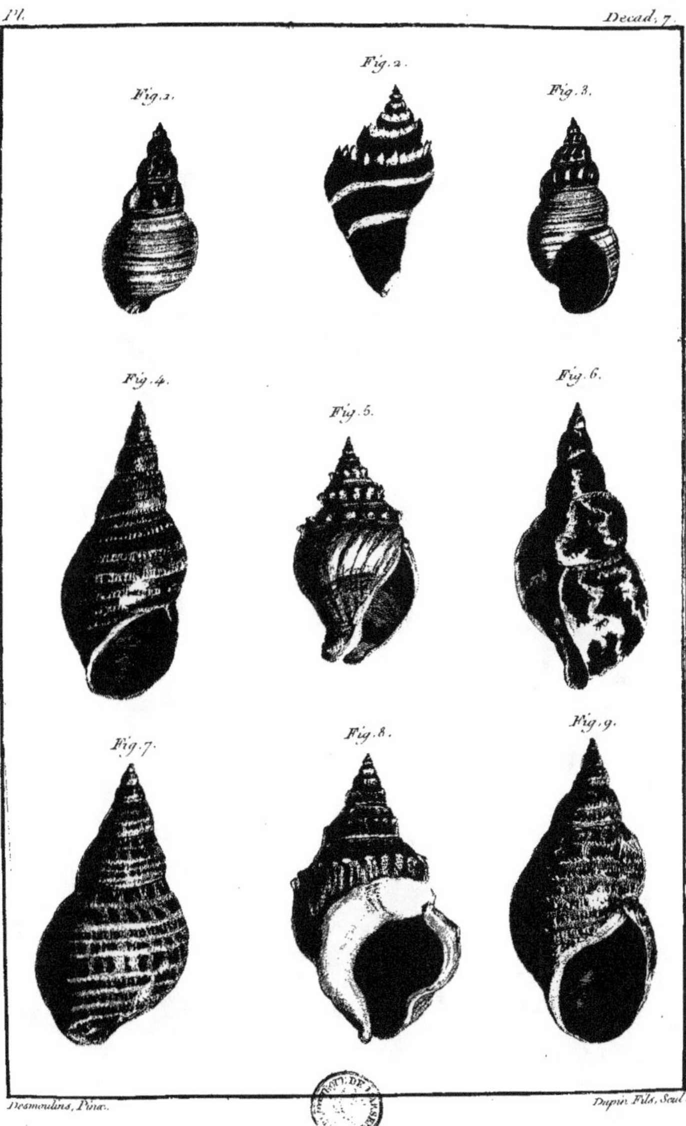
Fig. 1.
Fig. 2.
Fig. 3.
Fig. 4.
Fig. 5.
Fig. 6.
Fig. 7.
Fig. 8.
Fig. 9.

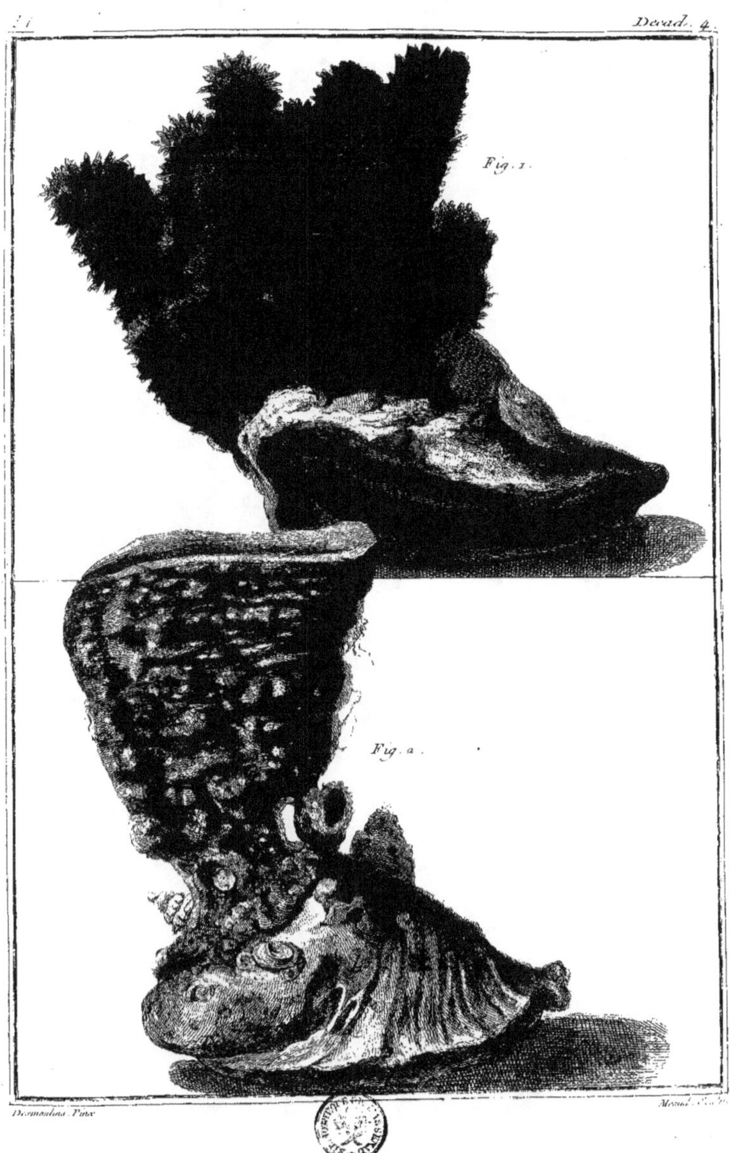
Fig. 1.
Fig. 2.
Desmoulins Pinx.
Mestiat Sculp.

Pl
Dec. 4.
Fig. 1.
Fig. 2.

Fig. 1.

Fig. 2.

Fig. 2.
Fig. 1.
Pl

Fig. 1.
Fig. 2.
Pl.
David.
Tom. 2.

Pl.
Decad. 1.
Fig. 1.
Fig. 2.
Cent. 1.

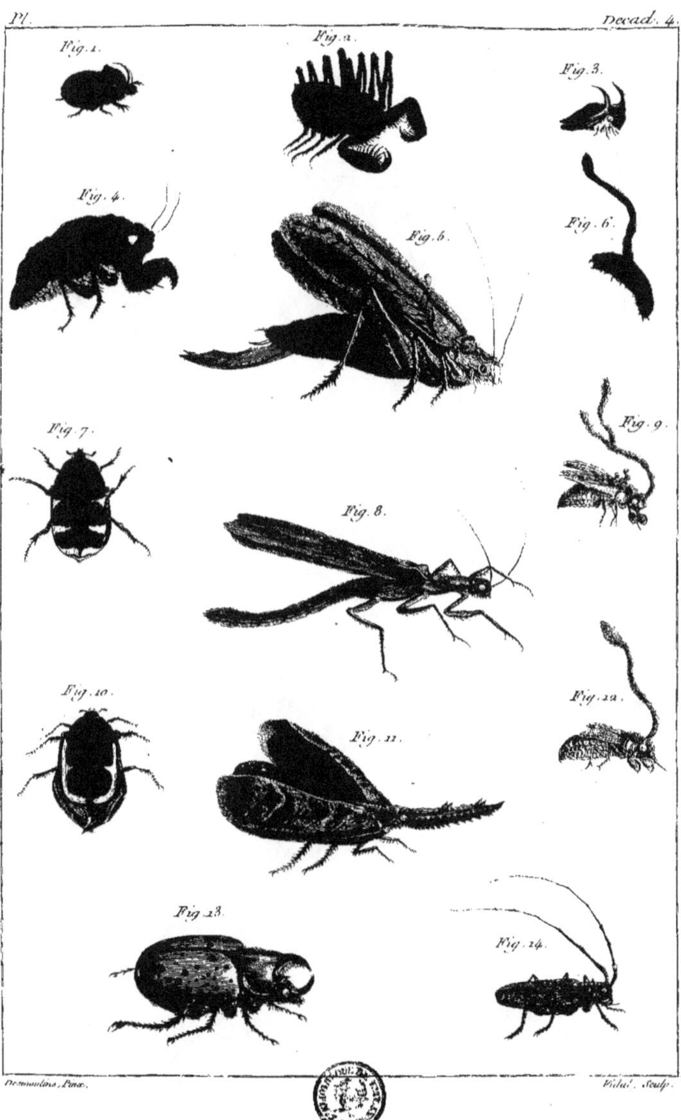

Desmoulins Pinx.   Vilar. Sculp.

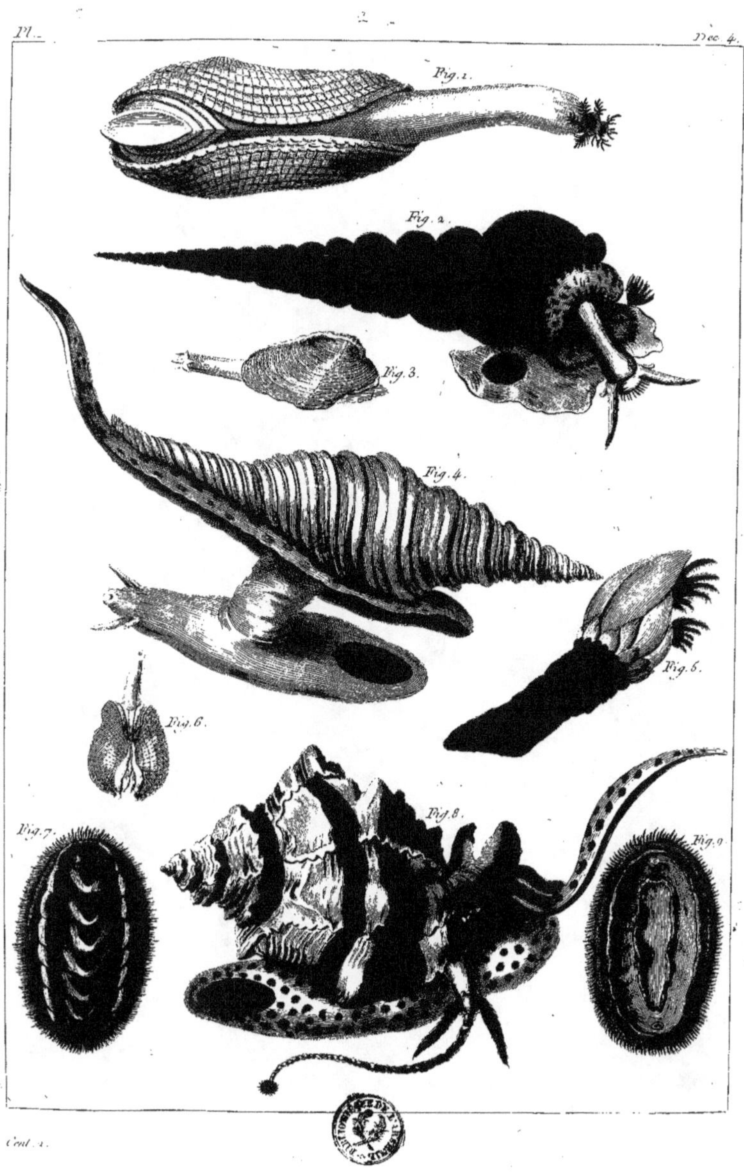

Fig. 1.
Fig. 2.
Fig. 3.
Fig. 4.
Fig. 5.
Fig. 6.
Fig. 7.
Fig. 8.
Fig. 9.

Pl.

Fig. 1.
Fig. 2.

Cent. 2.

Fig. 1.
Fig. 2.

Fig. 1.
Fig. 2.

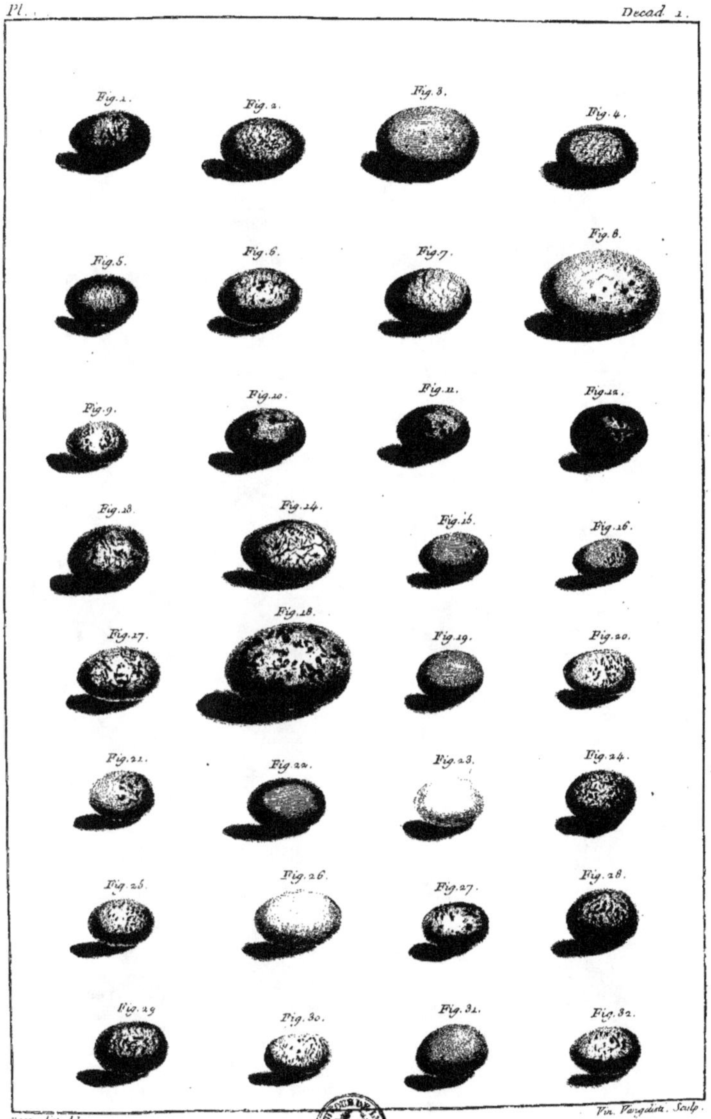
Fig. 1.
Fig. 2.
Fig. 3.
Fig. 4.
Fig. 5.
Fig. 6.
Fig. 7.
Fig. 8.
Fig. 9.
Fig. 10.
Fig. 11.
Fig. 12.
Fig. 13.
Fig. 14.
Fig. 15.
Fig. 16.
Fig. 17.
Fig. 18.
Fig. 19.
Fig. 20.
Fig. 21.
Fig. 22.
Fig. 23.
Fig. 24.
Fig. 25.
Fig. 26.
Fig. 27.
Fig. 28.
Fig. 29
Fig. 30.
Fig. 31.
Fig. 32.

Del. Vin. Vangelista. Sculp.

Pl.
Decad. 1.
Fig. 8.
Fig. 1.
Fig. 2.
Fig. 6.
Fig. 5.
Desmoulins, Pinx.
C. Fessard, Sculp.

Fig. 1.
Fig. 2.
Desmoulins Pinx.
J. Mesnil Sculp.

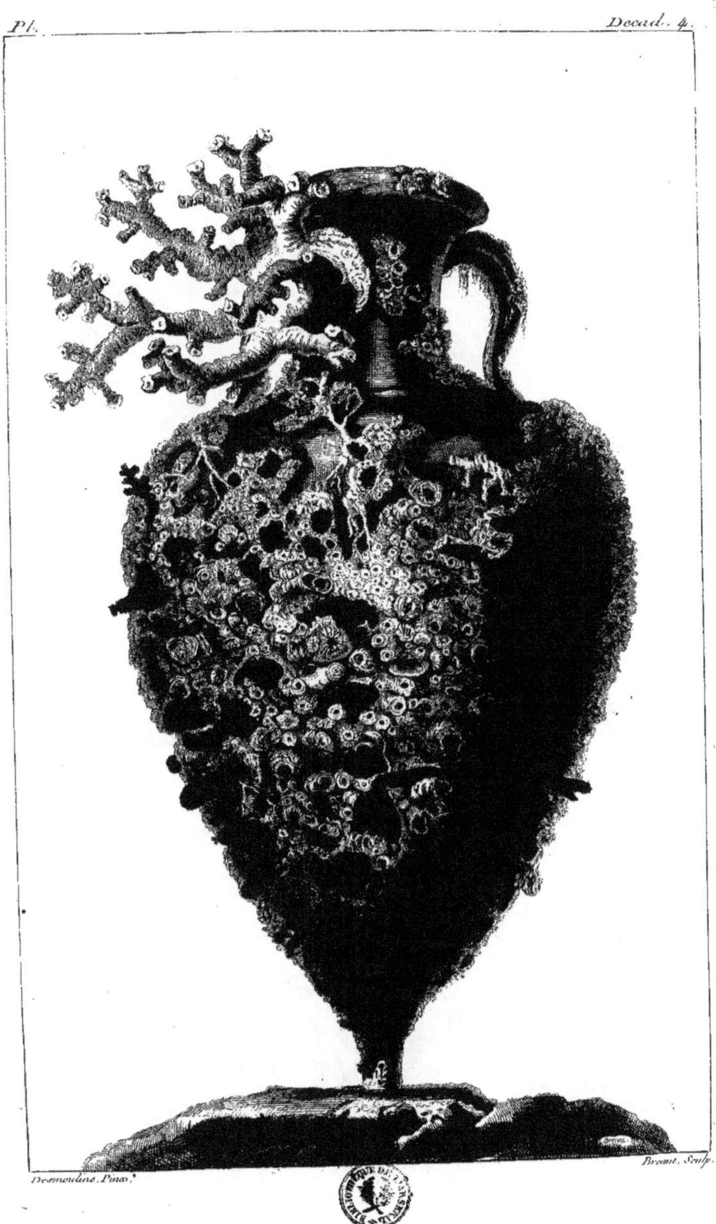

Desmoulins, Pinx.
Breant, Sculp.

Fig.1.
Fig.2.

Fig. 1.
Fig. 2.

Fig. 2.
Fig. 1.

Cent. 2.

Pl.
Dec. 7.
Fig. 1.
Fig. 2.
Cent. 2.

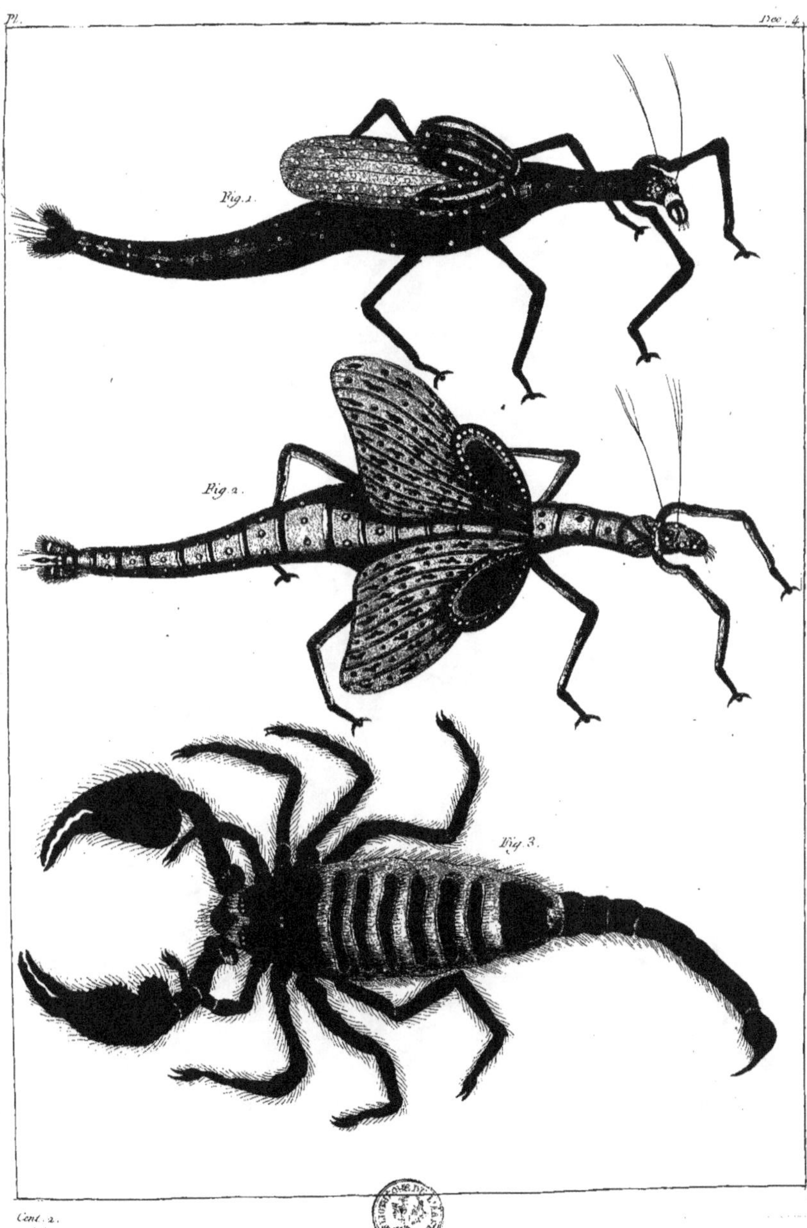

Fig. 1.
Fig. 2.
Fig. 3.

Pl.
Decad. 1
Tom. 2

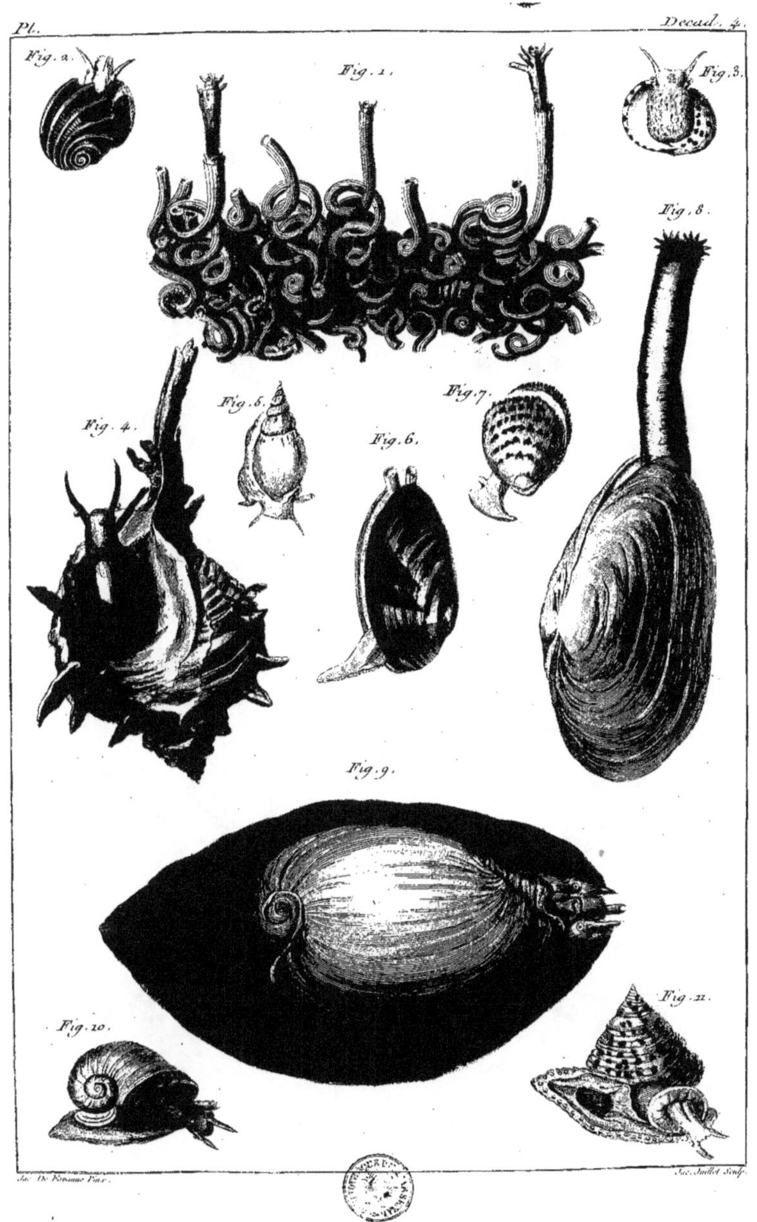

Pl.
Decad. 4.
Fig. 2.
Fig. 1.
Fig. 3.
Fig. 8.
Fig. 4.
Fig. 5.
Fig. 6.
Fig. 7.
Fig. 9.
Fig. 10.
Fig. 11.
Jn. D. Etienne Fux.
Jac. Juillet Sculp.

Fig. 1.

Fig. 2.

Fig. 2.
Fig. 1.
Desmoulins del.
C. Baquoy Sculp.

Cant. 2.

Fig. 1.
Fig. 2.

Pl.
Dec. 7.
Fig. 1.
Fig. 2.

Desmoulin del.   Juillet Sculp.

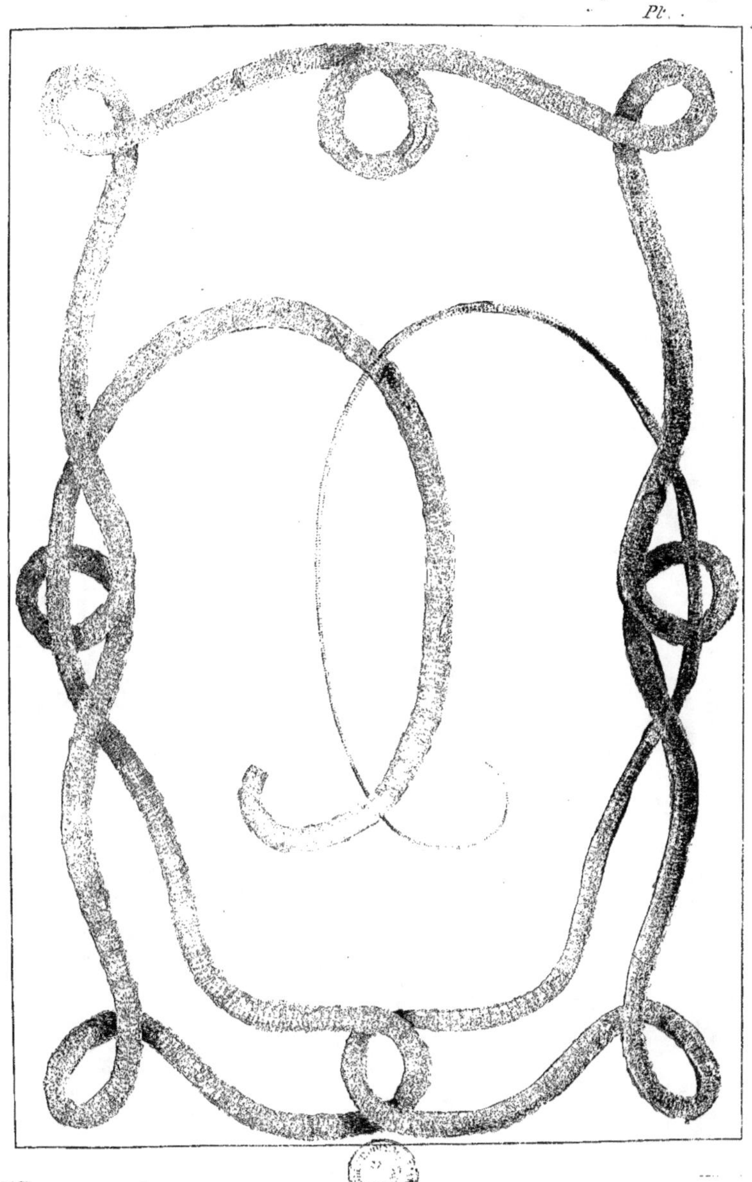

Pl.
Decad. 7.
Fig. 1.
Fig. 2.
Fig. 6.
Fig. 5.
Fig. 4.
Fig. 3.
Jac. De Favanne Pinx.
Jac. Mesnil Sculp.

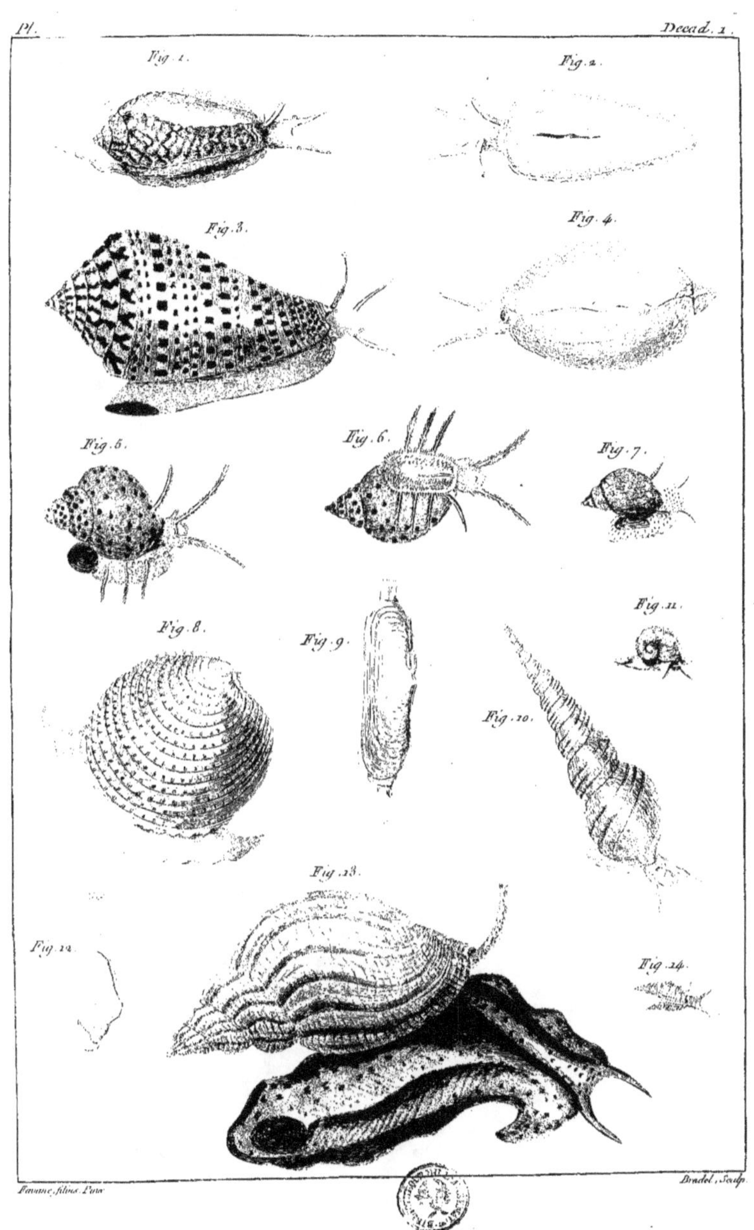

Favanne filius Par.   Bradel, Sculp.

EXPLICATION
DES PLANCHES.

PLANCHE 1, fig. 1, l'Homme ; fig. 2, la Femme.

Pl. 2, le Singe satyre.

Pl. 3, le Dromadaire : ses dents sont représentées au bas de la Planche à la moitié de leur grandeur ; on a aussi représenté au bas de cette même Planche une petite partie de sa queue, pareillement réduite à la moitié, & les parties de sa génération, mais qui sont réduites au tiers de leur grandeur.

Pl. 4, fig. 1, Mouton bocagé ; fig. 2, Mouton Allemand.

Pl. 5, fig. 1, Taupe du Canada ; fig. 2, Taupe du pays ; fig. 3, Taupe panachée.

Pl. 6, fig. 1, Calao à bec ciselé de l'isle de Panay ; fig. 2, Becassine blanche de la Cayenne.

Pl. 7, fig. 1, Lory d'Amboine ; fig. 2, Lory des Moluques ; tous deux réduits aux deux tiers.

Pl. 8, fig. 1, Jaseur mâle de la Louysiane ; fig. 2, Jaseur femelle.

Pl. 9, fig. 1, Phalene odorante de la Jamaïque ayant les ailes étendues ; fig. 2, la même, vue différemment ; fig. 3 & 4, Idoménée, papillon de Surinam, vu de deux faces différentes.

Pl. 10, le Serpent à sonnettes.

Pl. 11, fig. 1, le Rhomboïte de Cayenne ; fig. 2, le Guaperva du Brésil ; fig. 3, l'Orbis.

Pl. 12, fig. 1 & 2, Casques pavés ; fig. 3 & 4, la Plume ; fig. 5 & 6, la Racrocheuse.

Pl. 13, l'Ourang-Outang.

Pl. 14, le Babuin, espece de singe.

Pl. 15, fig. 1, le Mulet ; fig. 2, le Cheval Navarrois.

Pl. 16, fig. 1, le Philander femelle ; fig. 2, le Philander mâle de la Louysiane.

Pl. 17, fig. 1, Chien bichon ; fig. 2, Dogue de forte race.

Pl. 18, Corocoux de la Cayenne.

Pl. 19, fig. 1, nid de la Bergeronette ; fig. 2, nid de merle.

Pl. 20, fig. 1 & 2, le Page du roi de la Chine, l'Antiphates ; fig. 3 & 6, le Danois blanc vu en-dessus & en-dessous ; fig. 4 & 5, le Pipleis des Indes vu en-dessus & en-dessous.

Pl. 21, Caméléon verd de la Cayenne.

Pl. 22, fig. 1, l'Olive ; fig. 2 & 3, le Lepas à trou ; fig. 4, la Pince de chirurgien ; fig. 5, la grande Pelerine ; fig. 6, la Dentale ; fig. 7 & 8, l'Oscabrion.

Pl. 23, nouveau genre de Zoophite pêché au détroit de Davidts.

Pl. 24, fig. 1, Singe voltigeur ; fig. 2, Singe siffleur.

Pl. 25, le Patyphygos, espece de singe.

Pl. 26, le Chien Crabier.

Pl. 27, fig. 1, Chat d'Espagne ; fig. 2, Chat Angola.

Pl. 28, fig. 1, Pigeon mondain ; fig. 2, Pigeon hyacinthe.

Pl. 29, fig. 1, le Geay de la Cayenne ; fig. 2, le Cotinda des Moluques.

Pl. 30, fig. 1, le Coq nain patu ; fig. 2, le Coq à crête dorée.

Pl. 31, fig. 1, le Semiramis de Surinam ; fig. 2 & 3, le Sphinx-Belier vu en-dessus & en-dessous ; fig. 4, l'Ascanius ; fig. 5, le Boreas.

Pl. 32, fig. 1 & 2, Tortue cartilagineuse de Schlosser ; fig. 2, le Chaetodon Argus.

Pl. 33, fig. 1 & 4, Selles Polonoises ; fig. 2 & 3, Conques Persiques.

Pl. 34, Bouteille trouvée dans la mer, couverte de vermisseaux, plantes marines & coquillages.

Pl. 35, le Singe Mormon.

Pl. 36, fig. 1, Belier de Chine, ou Morvant ; fig. 2, Belier d'Islande à cinq cornes.

Pl. 37, fig. 1, Chevre ; fig. 2, Bouc.

Pl. 38, fig. 1, Mouton d'Alençon ; fig. 2, Mouton de Berry.

Pl. 39, fig. 1, Poule naine patue ; fig. 2, Poule à crête dorée.

Pl. 40, fig. 1, œuf de Pie ; fig. 2, œuf de Ralle à long bec ; fig. 3, œuf de Merle ; fig. 4, œuf de Caille ; fig. 5, œuf de Faisan ; fig. 6, œuf de Grive ; fig. 7, œuf de gros Corbeau ; fig. 8, œuf de Tourterelle ; fig. 9, œuf de Faucon, ou d'Epervier ; fig. 10, œuf de Verdier ; fig. 11, œuf de Perdrix ; fig. 12, œuf de Vanneau ; fig. 13, œuf de Pigeon Ramier ; fig. 14, œuf de Hochequeue ; fig. 15, œuf d'Allouette des bois ; fig. 16, œuf de Coucou ; fig. 17, œuf d'Allouette hupée ; fig. 18, œuf de Corneille commune ; fig. 19, œuf d'Arcanette ; fig. 20, œuf de Chevêche.

Pl. 41, différens Papillons de la Jamaïque & de l'Afrique, décrits par Drury ; la figure 4 représente la Phalene du Saffasfras.

Pl. 42, Serpent de l'Amérique à zones rouges, noires & d'un blanc jaunâtre.

Pl. 43, fig. 1, Poisson Pêcheur d'Amérique cornu ; fig. 2, Poisson connu sous le nom de Suangi ; fig. 3, l'Amphisiben.

Pl. 44, fig. 1, fausse Arche de Noé ; fig. 2, l'Ecriture Chinoise ; fig. 3, le Pavot rubanné ; fig. 4, le grand Argus ; fig. 5, le Marteau ; fig. 6, Buccin à couleur de citron & à bande longitudinale brune ; fig. 7, la Conque persique ; fig. 8, le Bouclier à écaille de tortue ; fig. 9, le Télescope.

Pl. 45, le Tartarin, espece de singe.

Pl. 46, fig. 1, le Chat tigré ; fig. 2, le Chat musqué.

Pl. 47, fig. 1, Mouton de Hongrie ; fig. 2, Mouton de Faulx.

Pl. 48, fig. 1, Aigle de mer ; fig. 2, Aigle de France.

Pl. 49, fig. 1, le Tangara, ou l'Evêque ; fig. 2, la Perdrix de Cayenne.

Pl. 50, fig. 1, le Canard domestique ; fig. 2, l'Oie domestique.

Pl. 51, fig. 1, Serpent à queue applatie, à dos brun, du Mexique ; fig. 2, Serpent à queue applatie, à anneaux, des mers des Indes ; fig. 3, Lezard serpent à queue longue & à écailles rudes d'Afrique ; fig. 4, Lézard à écailles lisses du Cap de Bonne-Espérance.

Pl. 52, fig. 1, Caiman ; fig. 2, jeune Caiman qui sort de l'œuf.

Pl. 53, fig. 1 & 2, le Sormet d'Adanson vu en-dessus & en-dessous ; fig. 3 & 4, l'Oreille de mer du Sénégal vue en-dessus & en-dessous ; fig. 5, Telline tronquée avec l'animal ; fig. 6, Cœur de Mamora ; fig. 7, Nautile papiracée avec son polype de la Méditerranée.

Pl. 54, fig. 1, Cornet écaillé ; fig. 2, faux pou de Baleine ; fig. 3, Came à stries entiérement blanches ; fig. 4, Oursin marqueté ; fig. 5, Parasol vu sous aspects différens ; fig. 6, Olive ventrue ; fig. 7, le Cedo nulli ; fig. 8, le Fuseau ardent ; fig. 9, la Navette ; fig. 10, Tuyau à écailles de poisson de couleur grise ; fig. 11, Couronne d'Ethiopie à griffe.

Pl. 55, le Magot, espece de singe.

Pl. 56, fig. 1, le petit Bouc damoiseau de Guinée ; fig. 2, la Marmote bâtarde d'Afrique ; fig. 3, le Sanglier d'Afrique.

Pl. 57, fig. 1, Mouton Bosseron ; fig. 2, Mouton Vexin.

Pl. 58, fig. 1, Poule hupée de Numidie ; fig. 2, Coq hupé de Numidie.

Pl. 59, fig. 1, Coucou brun & tacheté de Madagascar ; fig. 2, le Musicien.

Pl. 60, fig. 1, œuf d'Autruche d'Amérique ; fig. 2, œuf de Casoar ; fig. 3, œuf d'Autruche des Indes Orientales.

Pl. 61, fig. 1, le Dimas ; fig. 2, le Leucippe mâle ; fig. 3 & 6, le Leucippe femelle ; fig. 4 & 5, le Palaeno.

Pl. 62, fig. 1, Moorse af godt, ou l'Idole des païens des isles Moluques ; fig. 2, le Poisson du Diable, ou Jean Satan ; fig. 3, le Macolor des isles Moluques.

Pl. 63, fig. 1 & 3, Vis à ruban vue par le dos & par la bouche ; fig. 2, Casque lardé à un seul rang ; fig. 4, 6, 7 & 9, Buccins fluviatils de la Nouvelle-Zélande ; fig. 5, Buccin, tête de Taureau ; fig. 8, Buccin, Crapaud de la Nouvelle-Zélande.

Pl. 64, fig. 1, Rocher, espece de coquille, sur lequel s'est formée une éponge en forme de tuyau ; fig. 2, autre Rocher sur lequel s'est pareillement formée une éponge en forme de verre.

Pl. 65, le Pitheque, espece de singe.

Pl. 66, fig. 1, Rat de forêt de Surinam ; fig. 2, Crapaud de Surinam qui porte ses petits sur le dos.

Pl. 67, *fig.* 1, l'Epagneul ; *fig.* 2, le Chien de Berger.
Pl. 68, *fig.* 1, la petite Perruche de l'isle de Cithere ; *fig.* 2, le Gobemouche à longue queue, de Cayenne.
Pl. 69, *fig.* 1, le Chirurgien des Moluques ; *fig.* 2, le petit Plongeon noir & blanc ; il se trouve de la part du dessinateur un défaut d'exactitude dans le bec.
Pl. 70, *fig.* 1, Merle bleu à ailes vertes, des Moluques ; *fig.* 2, Merle verdâtre de Cayenne.
Pl. 71, *fig.* 1, Scarabée pilulaire d'Amérique ; *fig.* 2, Scorpion de la Cayenne ; *fig.* 3 & 4, Chrysalides de la Cayenne ; *fig.* 5, Sauterelle à sabre, de la Cayenne ; *fig.* 7 & 10, Scarabés velours de la Cayenne ; *fig.* 8, Mante de la Cayenne ; *fig.* 11, Porte-scie, ou Porte-lanterne ; *fig.* 14, Capricorne de la Cayenne ; *fig.* 13, Scarabé du midi de l'Amérique ; *fig.* 6, Chenille végétale de l'Amérique ; *fig.* 9 & 12, Mouche végétale de la Dominique.
Pl. 72, Serpent nuancé de l'Amérique.
Pl. 73, *fig.* 1, Pholade de France ; *fig.* 2, Vis avec son animal ; *fig.* 2, Pholade du Sénégal ; *fig.* 3, la Tour de Babel ; *fig.* 5, Multivalve de l'Amérique ; *fig.* 6, Poussepied avec son animal ; *fig.* 7 & 9, l'Oscabrion vu extérieurement & intérieurement ; *fig.* 8, Pourpre de Maon.
Pl. 74, le Mandril, espece de singe.
Pl. 75, *fig.* 1, Vache du Cotentin ; *fig.* 2, Taureau du Cotentin.
Pl. 76, *fig.* 1, Chat des Chartreux ; *fig.* 2, Braque du Bengale ; *fig.* 3, Cochon.
Pl. 77, *fig.* 1, Poule-d'inde ; *fig.* 2, Coq-d'inde.
Pl. 78, *fig.* 1, la grande Veuve ; *fig.* 2, la petite Veuve.
Pl. 79, *fig.* 1, œuf de la Grive rouge ; *fig.* 2, œuf de Merle doré, ou Grive jaune ; *fig.* 3, œuf de l'Alouette commune ; *fig.* 4, œuf de l'Alouette huppée ; *fig.* 5, œuf de l'Alouette des bois ; *fig.* 9 & 10, œufs de Pinçon ; *fig.* 11, œuf de Chardonneret ; *fig.* 12, œuf de la grande Linotte des vignes ; *fig.* 13 & 14, œufs de la petite Linotte des vignes ; *fig.* 15, œuf de la Linotte des montagnes ; *fig.* 16, œuf du pinçon à huppe de couleur de feu ; *fig.* 17, œuf du Tarin ; *fig.* 18, œuf du Pinçon des montagnes ; *fig.* 19, œuf du Tête-Chevre ou Crapaud volant ; *fig.* 20, œuf du petit Martinet ; *fig.* 21, œuf de l'Hirondelle domestique ; *fig.* 22, œuf de l'Hirondelle de rivage ; *fig.* 23, œuf de Rossignol ; *fig.* 24, œuf de la Fauvette commune ; *fig.* 25, œuf du Gobemouche ; *fig.* 26, œuf du petit Gobemouche ; *fig.* 27, œuf du grand Traquet ; *fig.* 28, œuf de la Fauvette des roseaux ; *fig.* 29, œuf du Becfigue ; *fig.* 30, œuf du Gobemouche à dos cendré ; *fig.* 31, œuf du Roitelet ; *fig.* 32, œuf du Traquet.
Pl. 80, *fig.* 1, grosse Araignée de Surinam ; *fig.* 2, la même Araignée dévorant un Colibris ; *fig.* 3, Araignée chasseuse de Surinam ; *fig.* 4, grosse Fourmi de Surinam ; *fig.* 6, Fourmi ailée.
Pl. 81, *fig.* 1, Guaperva cendré ; *fig.* 2, Guaperva tacheté ; l'un &

l'autre se trouvent dans la mer aux environs de l'Isle de France & de Bourbon.
Pl. 82, Urne antique couverte de vermisseaux marins, sur une anse de laquelle on remarque un beau Madrepore oculé.
Pl. 83, le Maimon, espece de singe.
Pl. 84, *fig.* 1, l'Asne ; *fig.* 2, le Cheval Comtois.
Pl. 85, *fig.* 1, Chevre de Cambie ; *fig.* 2, Bouc de Cambie.
Pl. 86, *fig.* 1, Canard de Barbarie ; *fig.* 2, Canne de Barbarie à plumage blanc.
Pl. 87, le Calao des Indes orientales.
Pl. 88, *fig.* 1, Pigeon Bifet ; *fig.* 2, Pigeon Gorge-patu.
Pl. 89, *fig.* 1, Sauterelle mâle de l'isle d'Amboine ; *fig.* 2, Sauterelle femelle ; *fig.* 3, Scorpion de la grosse espece.
Pl. 90, Lézard aigreté d'Amboine.
Pl. 91, *fig.* 2 & 3, Nérite vue de deux sens différens avec son animal ; *fig.* 1, Vermisseaux marins ; *fig.* 4, Massue d'Hercule avec son animal ; *fig.* 5, Buccin avec son animal ; *fig.* 6, Telline avec son animal ; *fig.* 8, Came nommée Patagon, avec son animal ; *fig.* 7, le Jatteron avec son animal ; *fig.* 12, Tonne avec son animal ; *fig.* 10, Sablon avec son animal ; *fig.* 11, Sabot avec son animal.
Pl. 92, *fig.* 1, Madrepore des grandes Indes à figure hexagone, travaillé à jour ; *fig.* 2, Madrepore rayonné des grandes Indes.
Pl. 93, le grand Gibbon, espece de singe.
Pl. 94, *fig.* 1, le Taureau ; *fig.* 2, la Vache.
Pl. 95, *fig.* 1, petit Dunois ; *fig.* 2, grand Barbet ou Caniche.
Pl. 96, *fig.* 1, Canard Branchu de la Louysiane ; *fig.* 2, l'Oiseau de Tempête.
Pl. 97, *fig.* 1, Pigeon Chevalier ; *fig.* 2, Pigeon Ramier.
Pl. 98, *fig.* 1, œuf de Gode ; *fig.* 2, œuf de Cresserelle ; *fig.* 3, œuf de Mauvis ; *fig.* 4, œuf de Pinguin ; *fig.* 5, œuf d'Alouette des bois ; *fig.* 6, œuf de Fauvette à tête noire ; *fig.* 7, œuf de Vermette ; *fig.* 8, œuf de Courlis des montagnes ; *fig.* 9, œuf de Cormorand.
Pl. 99, Ver solitaire rendu par l'auteur.
Pl. 100, *fig.* 1, le gros Lézard verd & moucheté, de la Jamaique ; *fig.* 2, le gros Lézard moucheté à queue fourchue, de la Jamaique.
Pl. 101, *fig.* 1 & 2, Olive avec son animal, vue supérieurement & inférieurement ; *fig.* 3, le Cornet Tigre avec son animal ; *fig.* 4, l'Arlequine avec son animal ; *fig.* 5 & 6, Limaçon picté avec son animal, vu supérieurement & inférieurement ; *fig.* 7, Buccin avec son animal ; *fig.* 8, Clonisse avec son animal ; *fig.* 9, Manche de couteau du Sénégal, avec son animal ; *fig.* 10, le Masal avec son animal ; *fig.* 11, Ecorce d'orange avec son animal ; *fig.* 12, Pholade du Sénégal ; *fig.* 13, la Cagarolle avec son animal ; *fig.* 14, le Barnet avec son animal,